Die

wahre und die scheinbare Bahn

des

Halley'schen Kometen

bei

seiner Wiederkunft im Jahre

1835

anschaulich dargestellt und allgemein faßlich erklärt

von

August Ferdinand Möbius,
Professor der Astronomie zu Leipzig.

Zweite verbesserte und vermehrte Ausgabe.

Mit einer Kupfertafel.

Leipzig 1835.
Bei Georg Joachim Göschen.

Bei dem allgemeinen Interesse, welches der Halley'sche Komet durch seine im nächsten Jahre zu erwartende Wiederkunft gegenwärtig in Anspruch nimmt, dürfte eine vorausgängige etwas umständlichere Nachricht von dem scheinbaren Laufe, den er alsdann verfolgen wird, nicht allein den Astronomen, sondern auch einem großen Theile des übrigen Publikums wünschenswerth seyn. Vorliegende Blätter und die beigefügte Charte haben die allgemeinere Verbreitung einer solchen Vorausbestimmung zur Absicht. Am Schlusse dieser kleinen Schrift findet man die Erscheinungen des Kometen von Monat zu Monat während der Dauer seiner Sichtbarkeit angegeben, nebst einer kleinen Ephemeride, und auf der Charte ist sein scheinbarer Weg unter den Fixsternen verzeichnet.

Die dabei zum Grunde gelegten Elemente sind diejenigen, welche **Damoiseau** in der **Connaissance des tems pour l'an 1832, pag. 33** mitgetheilt hat, nämlich:

Durchg. durch's Perihel 1835 Nov. 4,32 mittl. Par. Zeit
Halbe große Axe 17,9852
Excentricität 0,96731
Länge des Perihels . . . . . . 304° 27′ 24″
Länge des aufst. Knotens . . 55 9 7
Neigung 17 41 5
Bewegung: rückläufig.

Das Element, dessen genaue Bestimmung, der Störungen wegen, die der Komet fortwährend von den Planeten erleidet, die meiste Schwierigkeit macht, und von dessen genauer Kenntniß gleichwohl ganz vorzüglich die richtige Vorhersagung der Erscheinungen mit abhängt, ist die Zeit der Wiederkunft in das Perihel oder die Sonnennähe. Denn ein einziger Tag, um welchen diese Wiederkunft zu früh oder zu spät angesetzt wird, kann diesmal um die Zeit herum, wo uns der Komet am nächsten ist, eine Unrichtigkeit von 5 bis 6 Graden hinsichtlich seines scheinbaren Ortes zur Folge haben; in dem größten Theile der übrigen Zeit allerdings einen viel geringern Fehler, höchstens etwa von einem halben Grade. Da indessen die zwei französischen Mathematiker **Damoiseau** und **Pontécoulant**, die einzigen, welche bis jetzt die Elemente des Kometen für seine nächste Wiedererscheinung berechnet haben, in ihren neuesten Angaben der Zeit der Sonnennähe nur um wenige Tage von einander abweichen*), so steht zu

---

*) Pontécoulant findet für diesen Zeitpunkt den 7. Nov. 1835. Siehe Connaissance des tems pour l'an 1833. pag. 112.

hoffen, daß auch die hier vorgelegte Ephemeride und Charte (die dritte Figur der Kupfertafel) im Ganzen nicht bedeutend von der Wahrheit sich entfernen werden.

Für diejenigen Freunde der Astronomie, welche sich mit dem scheinbaren Laufe des Kometen nicht begnügen wollen, sondern auch seine wahre Bewegung und die Art, wie aus der wahren bei der fortwährenden Veränderung unseres Standpunktes, der Erde, die scheinbare hervorgeht, kennen zu lernen wünschen, für diese sind die erste und zweite Figur der Tafel und die dazu gleich am Anfange dieser Blätter gegebenen Erläuterungen bestimmt. Um dabei auch denen verständlich zu werden, welche noch nicht mit den hierher gehörigen Lehren der Astronomie vertraut sind, habe ich diese Erläuterungen möglichst populär abzufassen und in ihnen einen kurzen Abriß der Hauptlehren der theorischen Astronomie niederzulegen gesucht, und ich darf wohl hoffen, daß schon die ersten Grundbegriffe der Geometrie zum Verstehen derselben hinreichen werden.

Auf die von Pontécoulant hier gegebenen Elemente ist übrigens die Vorausbestimmung der scheinbaren Bahn gegründet, welche Herr Boguslawski bei der letzten Versammlung der Naturforscher in Breslau mitgetheilt hat, und die uns seitdem durch mehrere öffentliche Blätter bekannt geworden ist. Siehe die jüngst erschienenen Beiträge zu einer Monographie des Halley'schen Kometen von C. L. Littrow (dem Sohne des verdienstvollen Wiener Astronomen) Seite 66.

Erklärung der ersten Figur.

Die Bahn des Halley'schen Kometen wird hier durch die sogleich in die Augen fallende langgestreckte krumme Linie, welche man eine Ellipse nennt, vorgestellt. Eine Ellipse besitzt die charakteristische Eigenschaft, daß, wenn man von zwei gewissen innerhalb der Ellipse befindlichen Punkten, F und S in der Figur *), nach einem in ihr selbst liegenden Punkte Z zwei gerade Linien zieht, die Summe dieser Linien immer dieselbe Länge hat, wo auch der Punkt Z in der Ellipse angenommen werden mag. Befestigt man daher einen Faden, der diese Länge hat, mit seinen Enden in jenen zwei Punkten F und S, und spannt ihn mit einem Stifte an, so wird der Stift, wenn man ihn so fortführt, daß der Faden immer gespannt bleibt, die Ellipse beschreiben. Die zwei Punkte F und S heißen die Brennpunkte der Ellipse. Mit ihnen kommt der Stift bei seiner Bewegung zweimal in gerade Linie,

---

) Da die Ellipse in Fig. I. wegen ihrer Größe nicht wohl auf einmal in's Auge gefaßt werden kann, so hat es mir, zum bessern Verständniß der im Texte folgenden Erklärung der Haupteigenschaften einer Ellipse, zweckmäßig geschienen, eine zweite Ellipse von kleineren Dimensionen und mit einem etwas anderen Axenverhältniß in Fig. I. hinzuzufügen, die man beim Lesen der nächsten drei Seiten im Auge behalte.

Die Buchstaben dieser kleineren Figur haben dieselbe Bedeutung, wie die gleichnamigen in der größeren Fig. I. Der hier außerdem noch vorkommende Buchstabe Z und die von Z nach F und S gezogenen Linien finden im Text ihre Erklärung.

das eine Mal in **A** und das andere Mal in **P**, und man begreift leicht, daß, wegen der sich nicht ändernden Länge des Fadens, der Stift in **A** dieselbe Lage gegen **F** nnd **S** haben muß, welche er in **P** gegen **S** und **F** einnimmt, nnd daß folglich **A** eben so weit von **F**, als **P** von **S** entfernt seyn muß. Beurtheilt man die Länge des Fadens nach dem Stande des Stiftes in **A**, so ist sie aus den beiden Theilen **SA** und **FA** zusammengesetzt, folglich auch so groß, als **SA** und **SP** zusammengenommen, (weil **AF** und **SP** erwähntermaßen gleich lang sind,) folglich eben so groß, als die ganze Linie **AP**, welche man die große Axe der Ellipse nennt. Die Länge des Fadens oder die Summe der zwei Linien, welche von den beiden Brennpunkten nach irgend einem Punkte der Ellipse gezogen werden, ist daher stets der großen Axe gleich.

Der Mittelpunkt **M** der großen Axe, also auch der Mittelpunkt zwischen den beiden Brennpunkten, heißt der Mittelpunkt der Ellipse. Die durch ihn gelegte, die große Axe winkelrecht schneidende und zu beiden Seiten bis an die Ellipse verlängerte gerade Linie **CD** wird die kleine Axe genannt. Den Bruch endlich, welcher ausdrückt, der wievielste Theil von der großen Axe die gegenseitige Entfernung der beiden Brennpunkte ist, nennt man die Excentricität der Ellipse. Je größer dieser Bruch ist, — ein ächter bleibt er jedoch immer, — je weniger also die gegenseitige Entfernung der Brennpunkte von der großen Axe oder der Länge des vorhin gedachten Fadens verhältnißmäßig übertroffen wird, desto weniger kann der Stift bei seiner Bewegung von der geraden Linie **FS** abweichen, desto länglicher ist folglich die Ellipse, desto kleiner die kleine Axe im Verhältniß zur großen, und desto näher liegen die Brennpunkte bei den Endpunkten der großen Axe. Ist aber die Excentricität nur gering, also die gegenseitige Entfernung der Brennpunkte nur ein kleiner Theil der Fadenlänge, so ist ersichtlich die Ellipse nahe kreisförmig, die kleine Axe nur um weniges geringer, als die große, und die beiden Brennpunkte sind nahe beim Mittelpunkte.

In dem einen der beiden Brennpunkte, in **S**, befindet sich die Sonne. Kommt daher der Komet bei seiner elliptischen Bewegung nach **P**, so ist er der Sonne am nächsten; dagegen ist er in **A** am weitesten von ihr entfernt. Der Punkt **P** heißt deshalb das Perihelium oder die Sonnennähe, und der Punkt **A** das Aphelium oder die Sonnenferne. Die kleinste Entfernung von der Sonne, **SP**, und die größte, **SA**, zusammen genommen, machen die große Axe aus. Die mittlere Entfernung des Kometen von der Sonne ist daher der halben großen Axe gleich, — eben so, als wie man z. B. das Mittel **11** zwischen zwei Zahlen **8** und **14** findet, wenn man von ihrer Summe **22** die Hälfte nimmt. Der Komet befindet sich in dieser mittlern Entfernung, wenn er an den einen **C** oder andern Endpunkt **D** der kleinen Axe **CD** kommt. Denn aus der symmetrischen Lage der kleinen Axe gegen die beiden Brennpunkte ersieht man augenblicklich, daß **C** eben so weit von **F**, als von **S**, entfernt ist. **C** ist aber ein Punkt der Ellipse, und daher die Summe der Entfernungen **CF** und **CS** der großen Axe gleich; mithin ist jede dieser einander gleichen Entfernungen so groß, als die halbe große Axe, oder als die mittlere Entfernung. Eben so ergiebt sich auch, daß **DS** der mittlern Entfernung gleich ist.

Alle Planeten und Kometen bewegen sich in Ellipsen, in deren einem Brennpunkte die Sonne steht. Indessen sind die Bewegungen der Kometen von denen der Planeten sowohl hinsichtlich der Form, der Größe und der gegenseitigen Lage ihrer Bahnen, als hinsichtlich der Richtung ihrer Bewegungen, gar beträchtlich verschieden.

Erstens in Rücksicht auf die Form. Denn die von den Planeten beschriebenen Ellipsen haben eine nur geringe Excentricität, ihre Gestalt ist daher beinahe kreisförmig und die Sonne nahe beim Mittelpunkte einer jeden. — In unserer Figur *) sind die Bahnen der Planeten, die der vier neu entdeckten (Ceres, Pallas, Juno und Vesta) ausgenommen, mit verzeichnet, und nur bei der Merkurs- und Marsbahn gewahrt man auf den ersten Blick, daß die Sonne nicht vollkommen in der Mitte derselben steht. Die Abweichung der Sonne von der Mitte der Venus- und Erdbahn

*) Von nun an Fig. I. selbst.

ist aber so unbedeutend, daß sie bei den kleinen Dimensionen dieser Figur nicht wohl hat dargestellt werden können.

Ganz anders verhält es sich dagegen mit den Kometenbahnen. Diese sind durchgehends sehr excentrisch, mithin sehr langgestreckt, und die Sonne, als der eine Brennpunkt, befindet sich beinahe an dem einen Ende der großen Axe, von welcher hier die kleine Axe nur ein geringer Theil ist. Beim Halley'schen Kometen namentlich ist die große Axe nahe 36, die kleine bloß 9 mittlern Abständen der Erde von der Sonne gleich, und daher die kleine Axe nur der 4te Theil der großen. Ferner ist **SA**, oder die größte Weite, bis auf welche sich dieser Komet von der Sonne entfernen kann, $35\frac{5}{13}$ Abstände der Erde von der Sonne lang, und **SP**, oder die kleinste Entfernung, beträgt nur $\frac{7}{12}$ eines solchen Abstandes. In **A** ist daher der Komet fast noch einmal so weit, als Uranus, von der Sonne entfernt, und in **P** geht er zwischen der Merkurs- und Venusbahn hindurch.

Zweitens unterscheiden sich die Bahnen der Kometen von denen der Planeten durch ihre Größe und die davon abhängige Dauer der Umlaufszeit. Der entfernteste Planet, den wir kennen, ist Uranus; er steht 19 Mal weiter, als die Erde, von der Sonne ab und legt um letztere seine beinahe kreisförmige Bahn in 84 Jahren zurück. Dagegen giebt es unter den bisher beobachteten Kometen, außer dem Halley'schen, dessen Umlaufszeit 75 bis

76 Jahre beträgt*), nur noch drei andere, von denen wir mit Bestimmtheit wissen, daß sie in kürzerer Zeit, als Uranus, sich um die Sonne bewegen: der Olbers'sche, Encke'sche und Biela'sche Komet, deren Umlaufszeiten resp. 74, $3\frac{1}{3}$ und $6\frac{3}{4}$ Jahre betragen, und deren größtmögliche Entfernungen von der Sonne 34, $4\frac{1}{11}$ und $6\frac{1}{5}$ mittleren Abständen der Erde von der Sonne gleich sind. Bei allen übrigen Kometen hat man aus

---

*) Früherer Erscheinungen von Kometen nicht zu gedenken, die, wegen der Uebereinstimmung des Zeitabstandes ihrer Erscheinungen mit der Periode von 75 Jahren, wahrscheinlich der Halley'sche gewesen sind, von denen wir aber zu wenige Nachrichten haben, als daß diese Wahrscheinlichkeit zur Gewißheit erhoben werden könnte, finden sich zuerst von der Erscheinung des H. Kometen im Jahre 1456 Beobachtungen vor, aus denen sich die Elemente seiner Bahn mit einiger Genauigkeit berechnen lassen. Nach einer von Pingré geführten Rechnung (siehe dessen Cométographie, Tome I., pag. 460) ging er damals durch das Perihel

	im Jahre	1456	den	9. Juni	alten	Styls.
Sodann nach Halley's Rechnung:	=	1531	=	25. Aug.	=	=
	=	1607	=	26. Oct.	neuen	Styls.
	=	1682	=	14. Sept.	=	=
	= =	1759	=	13. März	=	=

Aus diesen fünf bis jetzt beobachteten Durchgängen durch's Perihel ergiebt sich die Dauer der Umlaufszeit

von 1456	bis	1531....	75	Jahre	$2\frac{1}{2}$	Monate
= 1531	=	1607....	76	=	$1\frac{2}{3}$	=
= 1607	=	1682....	74	=	$10\frac{2}{3}$	=
= 1682	=	1759....	76	=	6	=

Von 1759 endlich bis 1835, wo er nach Damoiseau den 4. Nov. der Sonne am nächsten kommen wird, beträgt die Umlaufszeit 76 Jahre $7\frac{2}{3}$ Monate.

dem kleinen Stück ihrer Bahnen, welches sie in der Nähe der Sonne und Erde beschreiben, und welches allein von uns wahrgenommen werden kann, durchaus keinen sichern Schluß auf den weit größeren übrigen Theil der Bahn machen können, und nur dieses gefunden, daß die größten Entfernungen, welche sie von der Sonne erreichen können, und ihre Umlaufszeiten den Abstand und die Umlaufszeit des Uranus wahrscheinlich viele Male übertreffen, so daß die meisten Kometen erst nach Hunderten, ja vielleicht Tausenden, von Jahren zu ihrer Sonnennähe zurückkehren.

Reicht aber auch das allein zu beobachtende Stück einer Kometenbahn an sich nur höchst selten hin, um die Ausdehnung der ganzen Bahn und die Umlaufszeit mit einiger Genauigkeit kennen zu lernen, — und die Geschichte kann hier, wenn sie streng seyn will, nur den von Olbers im Jahre 1815 entdeckten und berechneten und nach ihm benannten Kometen aufweisen, — so bietet sich doch zuweilen ein anderes sehr einfaches und zugleich sicheres Mittel dar, um zu einer vollständigen Kenntniß der Bahn zu gelangen. Wenn nämlich von zwei zu verschiedenen Zeiten erschienenen Kometen die Elemente, wodurch die sichtbaren Theile ihrer Bahnen bestimmt werden, nahe dieselben sind, so ist daraus mit großer Wahrscheinlichkeit zu folgern, daß beide Male der nämliche Komet erschienen ist. Der Unterschied der Zeiten aber, wofern sich dazwischen kein Komet mit denselben Elementen gezeigt hat, ist die Umlaufszeit. Diese Wahrscheinlichkeit wird noch bedeutend vermehrt und zu einer Gewißheit erhoben, wie sie bei naturwissenschaftlichen Gegenständen nur irgend erwartet werden kann, wenn in drei, oder noch mehreren, durch gleiche Zwischenräume getrennten Zeiten sich Kometen mit übereinstimmenden Elementen zeigen. Daß alle diese Kometen einer und derselbe sind, wer sollte dieses in Zweifel ziehen wollen?

Durch Schlüsse solcher Art wurden nun zuerst Halley, und in unsern Zeiten Encke und Biela zu ihren für immer denkwürdigen Entdeckungen hingeleitet. Edmund Halley, Professor der Astronomie zu Greenwich (geb. 1656, gest. 1742), um dessen allein hier näher zu gedenken, war der Erste, der nach richtigen, kurz vorher von Newton aufgestellten, Principien Kometenbahnen berechnete. Unter 24 Bahnen, welche er in Rechnung genommen hatte, fand er die Elemente dreier, nämlich der in den Jahren 1531, 1607 und 1682 erschienenen Kometen, sehr nahe übereinstimmend. Hieraus und aus der nahen Gleichheit der Zwischenzeiten schloß er auf die Identität der drei Kometen und sagte die Wiederkunft dieses einen, mit Recht nach ihm den Namen führenden, Kometen auf oder um das Jahr 1753 voraus, in welchem er auch den 25. Dec. vom Landmanne Palizsch im Dorfe Prohlitz bei Dresden zuerst wieder erblickt, im Jahre 1759 aber überall gesehen und auf allen Sternwarten beobachtet wurde.

Nach dieser kleinen historischen Abschweifung kehre ich zu dem Unterschiede zwischen den Bewegungen der Planeten und Kometen wieder zurück, welcher sich drittens in der Verschiedenheit der gegenseitigen Lage der Bahnen zu erkennen giebt. Da jede Ellipse eine ebene Figur ist, und ihre Brennpunkte sich gleichfalls in ihrer Ebene befinden, so folgt, daß jeder Planet und jeder Komet sich in einer die Sonne mit enthaltenden Ebene — obwohl jeder in einer andern — bewegt. Je zwei dieser Ebenen schneiden sich daher in einer durch die Sonne gehenden geraden Linie. Die Winkel nun, unter denen sich die Ebenen der Planetenbahnen schneiden, enthalten immer nur wenige Grade, so daß die Planeten sich beinahe in einer und derselben Ebene um die Sonne bewegen. Dagegen machen die Ebenen der Kometenbahnen mit denen der Planetenbahnen alle nur möglichen Winkel. Man hat Kometen beobachtet, deren Bahnebenen auf denen der Planeten fast winkelrecht standen, und wieder andere, die sich mit dem einen oder andern Planeten fast in derselben Ebene um die Sonne bewegten.

Um die gegenseitige Lage aller dieser Ebenen genau zu bestimmen, wird eine derselben, und zwar die Ebene der Erdbahn, als die, deren Lage im Weltraume am vollkommensten erforscht ist, zur Basis genommen. Die zwei Punkte, in denen diese Ebene von der Bahn eines Kometen (oder Planeten) getroffen wird, nennt man die Knoten der Bahn, und zwar denjenigen, in welchem der Komet von der südlichen Hälfte der durch die Ebene der Erdbahn getheilten Himmelskugel in die nördliche übertritt, den aufsteigenden Knoten, denjenigen aber, in welchem er aus der nördlichen Halbkugel in die südliche zurückgeht, den niedersteigenden. Das Zeichen des aufsteigenden Knotens ist: ☊, das des niedersteigenden: ☋. Die gerade Linie von dem einen Knoten zum andern, also die Linie, in welcher die Ebene der Erdbahn von der Ebene einer Kometenbahn geschnitten wird, und welche, dem vorhin Bemerkten zufolge, immer auch durch die Sonne geht, heißt die Knotenlinie. Den Winkel aber, unter welchem sich beide Ebenen schneiden, nennt man die Neigung der Kometenbahn (nämlich gegen die Ebene der Erdbahn). Durch die Lage der Knotenlinie und durch die Neigung ist nun, wie man leicht sieht, die Ebene der Kometenbahn gegeben.

Rücksichtlich der Knotenlinie bemerke man noch, daß ihre Lage bestimmt wird, indem man einen ihrer zwei Durchschnittspunkte mit der Ekliptik angiebt, d. i. mit einem in der Ebene der Erdbahn enthaltenen unendlich großen Kreise, als dessen Mittelpunkt man sich hier die Sonne denken kann. Dieser Kreis, den man sich auch als den Durchschnitt der Ebene der Erdbahn mit der eingebildeten unendlich großen Himmelskugel vorstellen mag, und in welchem die Sonne alljährlich einmal sich am Himmel scheinbar um die Erde bewegt, wird von dem Punkte an, wo die Sonne zu Anfange des Früh=

lings zu stehen scheint, nach der Richtung ihrer scheinbaren Bewegung oder der damit identischen Richtung, nach welcher die Erde wirklich um die Sonne läuft, in 12 gleiche Theile oder Zeichen getheilt, welche die bekannten Namen: Widder (♈), Stier (♉), Zwillinge (♊), ꝛc. führen, jedes dieser Zeichen in 30 Grade, jeder Grad in 60 Minuten, ꝛc. — In unserer Figur, deren Ebene man sich als die Ebene der Erdbahn zu denken hat, ist diese Eintheilung auf der viereckigen Einfassung bemerkt, wo aber freilich die Theile nach ihren verschiedenen Entfernungen von der Sonne, als dem Mittelpunkte eines Kreises, auf welchen die Theilung eigentlich hätte getragen werden sollen, von sehr ungleicher Größe sind. — Ein Punkt der Ekliptik wird hiernach durch die Anzahl von Zeichen, Graden, Minuten ꝛc. bestimmt, um welche er nach der Folge der Zeichen von der Anfangspunkte des ersten Zeichens oder des ♈ entfernt liegt; man nennt den auf diese Weise ausgedrückten Bogen die Länge des zu bestimmenden Punktes.

Beim Halley'schen Kometen ist, wie auch die Figur zeigt, der von der Sonne nach dem ☊ zu gehende Theil der Knotenlinie nach dem 26sten Grade des 2ten Zeichens oder des ♉ gerichtet, und man sagt daher: die Länge des ☊ (oder vielmehr die Länge des Punktes in der Ekliptik, mit welchem, von der Sonne aus gesehen, der ☊ zusammenzufallen scheint,) beträgt 1 Zeichen und

25 Grad. — Die Neigung der Bahn dieses Kometen enthält 18 Grad.

Viertens unterscheiden sich die Bewegungen der Kometen von denen der Planeten noch hinsichtlich ihrer Richtung. Denkt man sich nämlich auf die Sonne versetzt, so daß die Linie von den Füßen nach dem Kopfe winkelrecht auf der Ebene der Erdbahn und nordwärts gerichtet ist, so wird man einige Kometen von der Rechten nach der Linken, andere von der Linken nach der Rechten um die Sonne laufen sehen, während sämmtliche Planeten nur von der Rechten nach der Linken die Sonne umkreisen. Von einem Kometen, dessen Weg eben so, wie der eines Planeten, von rechts nach links gerichtet ist, sagt man, er sey rechtläufig. Die andern Kometen, deren Lauf die entgegengesetzte Richtung hat, nennt man rückläufig. Der Halley'sche Komet gehört zu den rückläufigen, was auch sogleich die Figur zu erkennen giebt, in welcher die Richtung der Bewegungen durch Pfeile angedeutet ist.

Da der Halley'sche Komet bei dem ☊ von der südlichen Hälfte des Himmels in die nördliche und bei dem ☋ aus der nördlichen in die südliche übergeht, so erhellet zugleich, daß der kleinere Theil seiner Bahn ☊ **P** ☋ nordwärts, und der ungleich größere übrige Theil ☋ **A** ☊ südwärts von der Ebene der Erdbahn oder der Ekliptik liegt. In der Figur, deren Ebene, wie schon erinnert, die Ebene der Ekliptik vorstellt, ist übrigens die Kometenbahn nicht perspectivisch, sondern, als in dieser Ebene selbst liegend, verzeichnet worden, also in einer Lage, in welche sie erst durch Drehung um die Knotenlinie bis zum Zusammenfallen mit letzterer Ebene gebracht wird. In dieser Lage zeigt sich, von S aus gesehen, das Perihel **P** im 5ten Grade des Wassermannes (♒), oder astronomisch ausgedrückt: die Länge des Perihels enthält 10 Zeichen und 4 Grad.

Um sich daher ein richtiges Bild von der wahren Lage der Kometenbahn zu verschaffen, muß man in Gedanken die Ellipse um die Knotenlinie ☋ ☊ sich drehen lassen, den Theil ☊ **P** ☋ auf- oder nordwärts, folglich den Theil ☋ **A** ☊ nieder- oder südwärts, bis sie mit der Ebene des Papiers, d. i. mit der Ebene der Ekliptik, einen Winkel von 18 Grad bildet.

Daß die Planeten und Kometen sich in Ellipsen bewegen, in deren einem Brennpunkte die Sonne sich befindet, ist das erste der drei merkwürdigen, von dem deutschen Mathematiker Kepler (geb. 1571, gest. 1630) entdeckten Gesetze, auf welche sich die ganze neuere Theorie von der Bewegung der Himmelskörper gründet.

Das zweite dieser Gesetze, oder vielmehr das dritte nach der Ordnung, in welcher sie gewöhnlich aufgestellt werden, lautet also: Die Quadrate der Umlaufszeiten zweier um die Sonne sich bewegender Körper verhalten sich wie die Würfel ihrer mittlern Entfernungen von der Sonne*). Kennt man daher von zweien dieser Körper die Umlaufszeiten und die mittlere Entfernung des einen von der Sonne, so kann man mit Hülfe dieser Proportion auch die mittlere Entfernung des andern finden. Sind beider Umlaufszeiten einander gleich, oder nicht sehr von einander verschieden, so werden auch ihre mittleren Entfernungen ganz oder nahe einander gleich seyn. Die Umlaufszeit des Halley'schen Kometen beträgt 75 bis 76 Jahre und ist daher nicht viel kleiner, als die Umlaufszeit des Uranus, welche 84 Jahre lang ist. Mithin wird auch die mittlere Entfernung des Kometen von der Sonne nicht viel kleiner, als die des Uranus von der Sonne sein, welcher 19 mal so weit, als die Erde, von der Sonne absteht. In der That verhalten sich die Quadrate von 84 und 76 (d. i. der Umlaufszeiten) sehr nahe wie die Würfel von 19 und 18. Die mittlere Entfernung CS oder DS des Kometen verhält sich mithin zu der des Uranus von der Sonne, wie 18 zu 19, und ist folglich 18 Halbmessern der Erdbahn gleich, da in der nur wenig veränderlichen Entfernung des Uranus von der Sonne 19 solcher Halbmesser enthalten sind. Dasselbe zeigt auch die Figur, in wel-

*) Das Quadrat einer Zahl erhält man, wenn man sie mit ihr selbst multiplicirt. Multiplicirt man dieses Product nochmals mit der Zahl selbst, so ergiebt sich ihr Würfel. So ist z. B. 7 mal 7 oder 49 das Quadrat von 7, und 7 mal 49 oder 343 der Würfel von 7.

cher die große Axe der Kometenbahn von der Sonne aus in Theile, die dem Halbmesser der Erdbahn gleich sind, getheilt worden ist, und wo die Punkte **C** und **D** nicht weit von der Uranusbahn nach der Sonne zu liegen. Da endlich der Komet in der Sonnennähe **P** nur um einen sehr kleinen Theil der großen Axe **AP**, mithin in der Sonnenferne **A** beinahe um die ganze große Axe, also fast um das Doppelte seiner mittlern Entfernung, von der Sonne absteht, so ist er, wie schon oben bemerkt worden, in der Sonnenferne fast um den doppelten Halbmesser der Uranusbahn von der Sonne entfernt.

Das dritte Keplerische Gesetz (nach der gewöhnlichen Ordnung das zweite) betrifft die Art und Weise, nach der sich die Geschwindigkeit eines um die Sonne laufenden Planeten oder Kometen ändert. Denn keineswegs beschreibt ein solcher Körper in gleichen Zeiten auch gleiche Theile seiner elliptischen Bahn, sondern er geht dergestalt fort, daß die Flächenräume, welche die von der Sonne bis zu dem Körper gezogene gerade Linie während der Bewegung des Körpers überstreicht, der Zeit proportional sind, oder, was dasselbe ausdrückt: daß diese Linie in gleichen Zeiten gleiche Flächen beschreibt; daß folglich nur dann, wenn diese Linie ihre Länge nicht ändert, und mithin der Körper in einem Kreise um die Sonne geht, er seine Bahn mit gleichförmiger Geschwindigkeit zurücklegt; — denn gleichen Sectoren eines Kreises entsprechen gleiche Bogen.

In der Figur sind an der linken Hälfte der Kometenbahn durch die mit 1, 2, 3 u. s. w. bezeichneten Punkte die Stellen angegeben, in denen sich der Komet am Ende des 1sten, 2ten, 3ten ꝛc. Jahres nach seinem Durchgange durch die Sonnennähe **P** befindet. Diese Punkte — und desgleichen auch die entsprechenden Theilpunkte auf der rechten Hälfte der Bahn — liegen daher so, daß, wenn man nach ihnen von **S** aus gerade Linien zieht, die Flächen der Ausschnitte **PS1**, **1S2**, **2S3**, **3S4**, u. s. w. von gleicher Größe sind, also jede dieser Flächen nahe der 76ste Theil der ganzen Ellipsenfläche ist, da die ganze Ellipse in nahe 76 Jahren von dem Kometen durchlaufen wird. Diese Ausschnitte werden um desto länger, je weiter sie nach der Sonnenferne **A** zu liegen, und müssen folglich in demselben Verhältnisse schmäler werden, damit sie an Flächeninhalt einander gleich bleiben. Hierdurch geschieht es, daß der Komet sich um so langsamer bewegt, je weiter er von der Sonne entfernt ist. Am langsamsten ist seine Bewegung in der Sonnenferne selbst. Der Weg, den er hier in einem Jahre zurücklegt, ist fast nur der 30ste Theil seines Weges in dem ersten Jahre vor oder nach der Sonnennähe; und da letzterer Weg noch mit sehr ungleicher Geschwindigkeit beschrieben wird, als welche in der Sonnennähe **P** selbst am größten ist, so ist seine Geschwindigkeit in **P** noch ungleich mehr, als das 30fache seiner Geschwindigkeit in der Sonnenferne. Mit Anwendung des bekannten geometrischen

Satzes, daß bei zwei dem Inhalte nach einander gleichen Dreiecken die Grundlinien im umgekehrten Verhältnisse der Höhen stehen, folgt nämlich, daß die Geschwindigkeiten in der Sonnennähe **P** und der Sonnenferne **A** sich zu einander wie **SA** zu **SP**, also wie 60 zu 1 verhalten.

Nach Damoiseau's Rechnung kommt der Komet den 4. November 1835 in die Sonnennähe **P**. In dem Theilpunkte der Ellipse, welcher von **P** zunächst rechter Hand liegt, befindet er sich also den 4. November 1834. An der Stelle, wo 1835 hingeschrieben worden, steht er daher beiläufig zu Anfange des Jahres 1835. Eben so sind die Stellen angedeutet, in denen sich der Komet zu Anfange der Jahre 1834, 1833, 1832 u. s. w. bis 1800 befand, so wie noch auf der linken Seite der Bahn die Oerter für den Anfang der Jahre 1836 bis 1840.

Erklärung der zweiten Figur.

Wurde in der vorigen Figur die ganze Bahn des Halley'schen Kometen, die Lage derselben in unserem Sonnensystem und die Art, wie darin der Komet während seines 76jährigen Umlaufs von einem Jahre zum andern fortgeht, vor Augen gelegt, so sieht man in gegenwärtiger Figur nur den Theil der Bahn vor und nach der Sonnennähe, in welchem er uns sichtbar werden kann, seine Bewegung in diesem Theile bei seiner nächst zu erwartenden Sichtbarkeit und zugleich die Bewegung der Erde während dieser Zeit dargestellt, um somit die Bewegung des Kometen, wie sie von der Erde aus erscheinen wird, und seine successiven Entfernungen von der Erde kennen zu lernen. Die Ebene des Papiers ist hier wiederum die Ebene der Erdbahn, die kreisförmige Linie ist die Erdbahn selbst, in ihrer Mitte die Sonne. In der Erdbahn sind die Stellen bemerkt, welche die Erde vom 6. August 1835 bis zum 12. April 1836 von 10 zu 10 Tagen einnimmt. Die zweite Reihe von Punkten, denen dieselben Data vom 6. August bis zum 12. April beigeschrieben sind, enthält für diese Data die rechtwinkligen Projectionen des Kometen auf die Ebene der Erdbahn, d. h. die Punkte, in welchen die von dem Kometen auf die Ebene der Erdbahn gefällten Perpendikel diese Ebene treffen. Diese Punkte sieht man durch eine zusammenhängende Linie mit einander verbunden, welche daher nichts anderes, als die rechtwinklige Projection der Kometenbahn selbst auf die Ebene der Erdbahn ist.

Damit man aber auch wisse, wie weit in jedem der bemerkten Zeitpunkte der Komet von dieser Ebene entfernt ist, so sind von den Projectionspunkten aus Verticallinien gezogen, und zwar nach oben, oder nach unten, nachdem der Komet nördlich über, oder südlich unter der Ebene der Erdbahn sich befindet. Die Längen dieser Linien stellen die Entfernungen des Kometen von der Ebene nach demselben Maßstabe dar, nach welchem die Erdbahn selbst in der Figur entworfen ist. Die Endpunkte dieser Parallelen sind gleichfalls durch eine krumme Linie mit einander verknüpft, die als eine perspectivische Abbildung der Bahn des Kometen selbst angesehen werden kann*). Man erkennt hieraus, wie der Komet den 6. August 1835, also 90 Tage vor seinem Durchgange durch die Sonnennähe, den aufsteigenden Knoten passirt und somit von der südlichen auf die nördliche Seite der Erdbahnebene sich wendet, wie er zwischen dem 15. und 25. October am weitesten von dieser Ebene nördlich absteht und den 4. December, also 30 Tage nach der Sonnennähe, durch den niedersteigenden Knoten auf die Südseite wieder zurücktritt, wo er bis etwa 90 Tage vor seinem nach 75 bis 76 Jahren erfolgenden abermaligen Durchgange durch dte Sonnennähe verharret.

So wie endlich auf einer Landcharte eine Windrose mit abgebildet zu werden pflegt, damit man für je zwei Oerter die Weltgegend angeben könne, nach welcher der eine Ort, von dem andern aus

*) Bei dieser Ansicht hat man das Auge unendlich weit in eine gerade Linie zu versetzen, die gegen die Ebene der Erdbahn oder des Papiers unter einem Winkel von 45 Graden geneigt ist, und deren Projection auf die Ebene parallel mit den Parallellinien der Figur ist.

gesehen, hin liegt, so sind auch hier in der Nebenfigur links unten durch zwölf von einem Punkte ausgehende Linien die Gegenden angedeutet, nach denen die Anfangspunkte der 12 Zeichen der Ekliptik liegen, und man kann somit für jede in der Ebene der Erdbahn gezogene gerade Linie ihre Richtung nach den himmlischen Zeichen bestimmen. So ist z. B. die von dem Punkte, wo die Erde in ihrer Bahn den 23. März steht, nach der Sonne gezogene Linie fast parallel mit der von dem Mittelpunkte der Rose nach ♈ gehenden Linie, woraus zu schließen, daß die Sonne nahe um den 23. März (den 21. März) in dem Anfangspunkte des Widders erscheint.

Nach allem diesen hat es nun keine Schwierigkeit, für irgend einen Tag, der in die Zeit fällt, während welcher der Komet sichtbar seyn wird, seinen scheinbaren Ort an der Himmelskugel, so wie seine Entfernung von der Erde zu finden. Man suche nämlich für den gegebenen Tag in der Erdbahn und in der projicirten Kometenbahn den Ort der Erde und den des projicirten Kometen auf, welches im Falle, daß der Tag nicht geradezu einer der in der Figur bemerkten ist, sondern zwischen zwei derselben fällt, doch immer durch Schätzung leicht wird geschehen können. Vom erstern Orte ziehe man nach dem letztern eine gerade Linie und damit durch den Mittelpunkt der Rose eine Parallellinie. Hiermit erkennt man den Punkt der Ekliptik, über oder unter welchem der Komet sich zeigt;

die Länge dieses Punktes aber (siehe oben) wird die geocentrische Länge des Kometen genannt. So ist z. B. für den 24. December die Linie von der Erde nach dem projicirten Kometen parallel mit der nach ♐ gerichteten Linie, so daß folglich an diesem Tage der Komet unter dem Anfangspunkte des Schützen erscheint und daher eine Länge von 8 Zeichen hat. Er erscheint aber deswegen unter oder südlich von diesem Punkte, weil die durch den projicirten Kometen gelegte Verticale nach unten gerichtet ist.

Wie schon vorhin bemerkt worden, hat man sich diese Verticale lothrecht auf der Ebene der Erdbahn vorzustellen, folglich auch lothrecht auf der von der Erde nach der Projection des Kometen gezogenen Linie, welche nichts anderes, als der auf die Ebene der Erdbahn projicirte Abstand der Erde von dem Kometen ist. Diese zwei Linien, die Verticale und der projicirte Abstand, erhalten daher erst dann ihre richtige Lage gegen einander, wenn sie von der Spitze eines rechten Winkels aus auf dessen Schenkel getragen werden. Dies ist in der Nebenfigur **II*** geschehen, wo **KCE** ein rechter Winkel, **CK** die Verticale und **CE** der projicirte Abstand für den 24. December sind, und wo mithin die Punkte **E, K, C** die richtige gegenseitige Lage der Erde, des Kometen und seiner Projection angeben. Zieht man daher noch die Gesichtslinie **EK** von der Erde nach dem Kometen, so ist **CEK** der Winkel dieser Gesichtslinie mit der Linie **EC** in der

Ebene der Erdbahn, also auch mit dieser Ebene selbst, da man sich das Dreieck ECK auf derselben lothrecht stehend zu denken hat. Der Winkel CEK findet sich nun durch Messung 4 Grad groß, und man erfährt somit, daß der Komet den 24. December 4 Grad südlich von der Ekliptik erscheint. Die Linie EK ist der wahre Abstand des Kometen von uns für diese Zeit, nach demselben Maßstabe, wonach Fig. II. gezeichnet ist. Nimmt man, wie in der Astronomie gewöhnlich, zur Einheit dieses Maßstabes den mittlern Abstand der Erde von der Sonne an, einen Abstand, in welchen die Erde zu Anfang Aprils und Octobers jedes Jahres kommt, so enthält EK $1\frac{8}{9}$ solcher Einheiten, d. h. der Komet ist den 24. December beinahe noch einmal so weit, als die Sonne, von uns entfernt.

Auf ähnliche Art kann man auch für jeden andern Zeitpunkt während der Sichtbarkeit des Kometen seinen wahren Abstand von uns und den Winkel ausmitteln, um welchen er von der Ekliptik, sey es nördlich oder südlich, abzustehen scheint. Durch diesen Winkel aber, welcher die geocentrische Breite des Kometen heißt, und durch seine vorhin zu finden gelehrte geocentrische Länge ist sein scheinbarer Ort vollkommen bestimmt.

Da die Ebene der Kometenbahn mit der Ebene der Erdbahn den nicht sehr beträchtlichen Winkel von 18 Grad macht, so ist der wahre Abstand des Kometen von uns niemals um ein Bedeutendes größer, als sein projicirter Abstand. Letztere Abstände, oder die Linien von je einem Orte der Erde bis zu der demselben Zeitpunkte angehörigen Projection des Kometen, sind in der Figur von 10 zu 10 Tagen mit verzeichnet. Betrachtet man diese Linien in der Ordnung, in welcher sie der Zeit nach auf einander folgen, und achtet darauf, wie sie bald kleiner, bald größer werden und ihre Lage ändern, so wird man sich von der Art, nach der sich uns der Komet bald nähert, bald sich wieder entfernt, so wie von dem scheinbaren Laufe desselben, eine schon ziemlich richtige Vorstellung machen können. Man wird wahrnehmen, wie im August und September Komet und Erde fast in gerader Richtung auf einander zu gehen, und daher ihr gegenseitiger Abstand, welcher zu Anfang August's größer als 2 war, (nämlich 2 mittlere Abstände der Erde von der Sonne) immer mehr abnimmt, bis beide Körper um den 5. October herum einander am nächsten kommen und nur noch um $\frac{1}{6}$ in der Projection, um $\frac{1}{4}$ aber dem wahren Abstande nach, von einander entfernt sind; wie sie hierauf in mehr schiefer Richtung von einander sich entfernen bis zur Mitte Decembers, wo der Komet um $1\frac{8}{9}$ von der Erde absteht; wie sich alsdann die Erde wegen der Krümmung ihrer Bahn dem Kometen von neuem nähert, jedoch nur bis auf $1\frac{3}{8}$, zu Anfange Märzes, wie aber bald darauf der Komet nach einer dem Laufe der Erde immer mehr entgegengesetzten Richtung sich von ihr so weit ent=

fernt, daß wir ihn für dieses Mal ganz aus dem Gesichte verlieren.

Zuletzt kann man noch die scheinbare Bewegung des Kometen in Bezug auf die Sonne betrachten. Zu dem Ende wird man wohl thun, wenn man die Figur um ihren Mittelpunkt oder die Sonne so herumdreht, daß der jedesmalige Ort der Erde zu unterst liegt, und daher die Linie von der Erde nach der Sonne von unten nach oben gerichtet ist. Man wird auf diese Weise Folgendes erkennen: Im August und September steht der Komet rechts von der Sonne ab, und dieser Abstand wächst von 50 bis gegen 80 Grad. Gegen Ende Septembers und in den ersten Tagen Octobers kehrt der Komet mit scheinbar sehr schneller Bewegung, weil er an der Erde nahe vorübergeht, nach der Sonne wieder zurück und geht alsdann eben so schnell auf die linke Seite der Sonne bis zu einer Entfernung von etwa 40 Grad. Nach der Mitte Octobers wendet er sich von neuem nach der Sonne, erreicht sie in den letzten Tagen Novembers und tritt nun auf ihre rechte Seite, wo er sich von ihr mit zunehmender Geschwindigkeit immer weiter nach der Rechten entfernt. Den 22. März 1836 steht er in Bezug auf die Ekliptik der Sonne gerade gegenüber.

Erklärung der dritten Figur.

Mit Hülfe der zweiten Figur können, wie wir so eben gesehen haben, die von der Erde aus zu beobachtende Länge und Breite des Kometen, und damit sein scheinbarer Ort, für jeden Zeitpunkt seiner nächst zu erwartenden Sichtbarkeit gefunden werden. Will man sich daher ein vollständiges Bild von seinem scheinbaren Laufe entwerfen, so darf man nur auf einem Himmelsglobus oder einer Himmelscharte für nicht allzuweit von einander entfernte Zeitpunkte die scheinbaren Oerter mittelst ihrer Längen und Breiten aufsuchen und die gefundenen Oerter durch eine nach dem Gesetz der Stetigkeit gekrümmte Linie verbinden. Dies ist nun in der dritten Figur, welche eine stereographische Projection des Himmels*) vom Nordpol der Ekliptik

*) Um denjenigen meiner Leser, denen der Begriff der stereographischen Projection noch fremd ist, eine deutliche Vorstellung davon zu geben, bitte ich dieselben, sich eine gläserne Hohlkugel zu denken, auf deren Fläche die Sterne und die eingebildeten Punkte und Kreise der Himmelskugel im Kleinen dargestellt sind. An diese Himmelskugel von Glas werde eine ebene Tafel gelegt, und das Auge an den dem Berührungspunkte der Kugel mit der Tafel diametral entgegengesetzten Punkt gebracht. Zeichnet man nun auf der Tafel die Sterne, Punkte und Kreise der Kugelfläche dahin, wo sie vom besagten Orte des Auges

bis zu einem 26 Grad südlich von ihr liegenden Parallelkreise darstellt, geschehen. Dieser Parallel=

---

aus auf der Tafel erscheinen, so hat man eine stereographische Abbildung oder Projection der auf der Kugel befindlichen Gegenstände.

In unserer Figur hat man sich die Himmeskugel mit ihrem Nordpol der Ekliptik die Ebene des Papiers als die Projectionstafel berührend, und daher das Auge an den Südpol gebracht, zu denken. Jener Berührungspunkt ist mithin zugleich der Nordpol der Ekliptik in der Projection. Die Projection der Ekliptik und ihrer Parallelkreise sind Kreise, welche den Nordpol der Ekliptik zum gemeinschaftlichen Mittelpunkte haben, und von denen die nördlichen Parallelkreise kleiner, die südlichen größer, als die projicirte Ekliptik sind. Alle Kreise, welche durch den Nord- und Südpol der Ekliptik gehen und daher die Ekliptik winkelrecht schneiden, — sie heißen Breitenkreise, — erscheinen in der Projection als gerade durch den Nordpol gezogene Linien. Gleichen Theilen eines solchen Kreises, z. B. Graden, entsprechen aber in der Projection nicht ebenfalls gleiche Grade, sondern diese werden vom Nordpol aus, wo sie am kleinsten sind, in steigendem Verhältniß immer größer, — ein Umstand, welcher es verhindert, nach dieser Projectionsart einen etwas bedeutend größern Theil, als die den Berührungspunkt zunächst umgebende Hälfte der Himmelskugel, abzubilden, indem sonst die am Rande der Projection liegenden Theile zu unverhältnißmäßig groß gegen die Theile in der Mitte ausfallen. — Von den Breitenkreisen sind in der Figur diejenigen zwei verzeichnet, welche durch die Aequinoctialpunkte (die Anfangspunkte des ♈ und der ♎) und die Solstitialpunkte (die Anfangspunkte des ♋ und des ♑) gehen. Auf gleiche Art sind auch von allen den kleineren Kreisen, welche bloß dem Südpol, nicht auch dem Nordpol, begegnen, die Projectionen gerade Linien, da sich das Auge im Südpol und daher in ihrer Ebene befindet. Alle übrigen Kreise der Kugel, z. B. der Aequator und seine Parallelkreise, stellen sich in der Projection ebenfalls als Kreise dar.

kreis, welcher der Figur zur Einfassung dient, ist in die Zeichen und Grade der Ekliptik eingetheilt. Auf den Breitenkreis aber, der durch den Anfangspunkt des ♈ (Widders) geht und in der Projection als gerade Linie sich darstellt, sind die Grade des Abstandes von der Ekliptik, sowohl nördlich, als südlich, aufgetragen.

Kennt man nun von einem Punkte der Himmelskugel, sey es der scheinbare Ort des Kometen, oder eines Fixsternes ꝛc., die Länge und Breite, weiß man z. B., daß der Komet den 24. December 1835 eine Länge von 8 Zeichen und eine südliche Breite von 4 Graden hat, daß er also 4 Grad südlich vom Anfangspunkte des ♐ entfernt ist, so ziehe man vom Nordpol der Ekliptik nach dem Anfangspunkte des ♐ in dem eingetheilten Rande eine gerade Linie. Dies ist der Breitenkreis, in welchem sich der Komet zu der angegebenen Zeit befindet*). Man beschreibe ferner aus dem Nordpol der Ekliptik, als Mittelpunkt, einen Kreis, welcher durch das Ende des 4ten südlichen Grades in dem eingetheilten Breitenkreise geht und somit 4 Grad südlich von der Ekliptik abliegt; dies ist der Parallelkreis des Kometen für die angegebene Zeit. Der Durchschnitt dieses Parallelkreises mit jenem Breitenkreise ist

*) Zufolge der Lage, welche man der dritten Figur gegen die zweite gegeben hat, ist dieser Breitenkreis mit der Linie von der Erde nach dem projicirten Orte des Kometen in der zweiten Figur immer parallel.

folglich der auf der Charte zu bestimmende Ort des Kometen für den 24. December 1835. Eben so sind auch für die übrigen in der zweiten Figur vorkommenden Zeitpunkte die scheinbaren Oerter des Kometen bestimmt worden.

Auf gleiche Art hat man ferner die merkwürdigsten Sterne und Sterngruppen, denen der Komet in seinem scheinbaren Laufe nahe kommt, in die Figur eingetragen. Die Anzahl derselben ist allerdings nur gering, indessen werden sie doch hinreichen, um auf jeder gewöhnlichen Sterncharte, wenn man auf ihr die hier verzeichneten Sterne aufsucht, den Weg des Kometen ungefähr zu entwerfen, und somit auch die übrigen Sterne und Sternbilder kennen zu lernen, bei denen er nahe vorüber geht. Man bemerke aber in dieser Hinsicht, daß die vorliegende dritte Figur, wegen ihres schon erwähnten Zusammenhanges mit der zweiten Figur, die Außenseite der Himmelskugel darstellt, während auf den meisten andern Sterncharten die innere Fläche der Kugel abgebildet ist. Wem dieser Umstand bei der Vergleichung hinderlich fallen sollte, der darf nur entweder unsere Figur oder die Sterncharte von der Rückseite betrachten, indem er die Vorderseite gegen das Licht hält, und er wird dann die gegenseitige Lage der Sterne in beiden übereinstimmend finden.

Außerdem sind noch die scheinbaren Oerter der Sonne in der Ekliptik angegeben. Auch diese Oerter konnten der zweiten Figur unmittelbar entnommen werden, da die in der 3ten Figur vom Nordpol der Ekliptik nach irgend einem dieser Oerter gezogene gerade Linie immer parallel ist der Linie, welche in der 2ten Figur von dem Orte der Erde für dieselbe Zeit nach der Sonne gezogen wird.

Die scheinbaren Sonnenörter können insbesondere dienen, um die jedesmalige scheinbare Richtung des Schweifes zu finden. Denn da beim Halley'schen Kometen, und mit wenigen Ausnahmen auch bei allen andern bisher beobachteten, der Schweif von der Sonne immer abwärts gekehrt ist, so hat man nur von dem Orte der Sonne nach dem Orte des Kometen für dieselbe Zeit eine gerade Linie zu ziehen, und die Verlängerung dieser Linie über den Kometen hinaus wird die gesuchte Richtung des Schweifes geben. Nach dieser Regel wird man auch die in der Figur angegebenen Schweife construirt finden.

Endlich kann man noch durch Vergleichung der scheinbaren Oerter der Sonne mit denen des Kometen in dieser Figur, eben so wie in der zweiten, ersehen, ob der Komet rechts oder links von der Sonne steht, und ob er daher am Morgenhimmel vor Sonnenaufgang, oder am Abendhimmel nach Sonnenuntergang sichtbar ist u. s. w. Indessen läßt sich dieses und das nähere Detail seiner Sichtbarkeit überhaupt, wie z. B. die Zeit seines Auf- und Unterganges, die Zeit seines Eintritts in den Meridian u. s. w. am einfachsten mittelst der Fixsterne beurtheilen, denen er nahe steht und mit denen er daher zugleich auf- und untergeht und in den Meridian tritt. Denn der Auf- und Untergang ꝛc. der Fixsterne sind Erscheinungen, deren Tageszeit sich alle Jahre auf gleiche Art wiederholt, und die daher schon seit den ältesten Zeiten genüglich bekannt sind.

Folgendes enthält eine Uebersicht der auf diese Weise sich ergebenden Endresultate, nach den einzelnen Monaten geordnet. Dabei sind, um Alles, was die Stellung des Kometen gegen unsern Erdkörper betrifft, hier beisammen zu haben, die aus der zweiten Figur abzuleitenden Entfernungen des Kometen von der Erde mit angegeben worden; sie sind in Millionen geographischer Meilen ausgedrückt, von denen $20\frac{67}{100}$ Millionen auf die mittlere Entfernung der Erde von der Sonne gehen. Die Angaben von Auf- und Untergang und Meridianhöhe gelten für die Leipz. Polhöhe von $51\frac{1}{3}$ Grad.

August 1835.

Der Komet nähert sich uns während dieses Monats von 49 bis auf 28 Millionen Meilen und wird uns daher, wenn auch erst nach der Mitte des Monats, sichtbar. Sein Lauf unter den Sternen ist noch sehr langsam. Den 6. August tritt er von der Südseite auf die Nordseite der Ekliptik, und dieses nahe bei dem Punkte, in welchem die Linie durch die zwei Sterne an den Enden der Hörner des Stiers die Ekliptik schneidet. Von da erhebt er sich immer nördlicher über die Ekliptik und rückt zugleich östlich nach den Zwillingen fort. Er geht Nachts zwischen 11 und 12 Uhr nordöstlich auf und ist bis zur Morgendämmerung am östlichen Himmel zu beobachten.

September 1835.

Mit zunehmender Geschwindigkeit geht der Komet über den Köpfen der Zwillinge weg durch den Hintertheil des Luchses nach den Vorderfüßen des großen Bären. Seine scheinbare Größe nimmt bedeutend zu, da er sich uns immer mehr nähert und zu Ende des Monats nur noch 6 Mill. Meilen von uns entfernt ist. Sein Aufgang ereignet sich in den Abendstunden immer zeitiger und immer weiter nach Norden. Im letzten Drittel Septembers hat er sich dem Nordpole (des Aequators) so weit genähert, daß er fortwährend über dem Horizonte bleibt. Gerade unter dem Nordpole, also dem Horizonte am nächsten, steht er dann Abends zwischen 7 und 9 Uhr. Den übrigen Theil der Nacht sieht man ihn östlich vom Norden immer höher steigen.

October 1835.

Während der ganzen Dauer der Sichtbarkeit des Kometen ist seine scheinbare Geschwindigkeit im ersten Drittel dieses Monats am größten. Denn er geht in diesen 10 Tagen von den Vorderfüßen des großen Bären unter den bekannten 7 Hauptsternen dieses Bildes fort durch den nördlichen Jagdhund, durch den Gürtel und die rechte Hand des Bootes bis zum Kopfe der Schlange. In der Mitte dieses Zeitraums (den 5. October) ist er uns am nächsten, nur 5 Mill. Meilen von uns entfernt, und zeigt sich daher am schönsten. Er steht dann um Mitternacht etwa 6 Grad hoch über dem Horizonte im Norden und geht folglich noch immer nicht unter. Nach wenigen Tagen aber hat er sich vom Nordpol so weit entfernt, daß er nicht mehr unter demselben, sondern nur noch bis zu seinem in Nordwesten erfolgenden Untergange in den Vormitternachtsstunden am westlichen Himmel gesehen werden kann.

Die übrigen zwei Drittel Octobers bewegt er sich mit abnehmender Geschwindigkeit nach dem linken Vorderarm und dem linken Knie des Ophiuchus (Schlangenträgers) fort, geht somit durch den Aequator in die südliche Halbkugel und entfernt sich von demselben immer weiter nach Süden. Er läßt sich dann nur noch Abends in Südwesten beobachten, wo er immer zeitiger untergeht. Seine Entfernung von uns ist zu Ende Octobers bis zu 22 Mill. Meilen wieder angewachsen.

November 1835.

Nur die erste Hälfte dieses Monats dürfte der Komet noch sichtbar seyn. Er zeigt sich in dieser Zeit Abends in Südwesten am linken Fuße des Ophiuchus, geht in der Abenddämmerung immer zeitiger unter und verliert sich um die Mitte Novembers in den Strahlen der untergegangenen Sonne.

December 1835.

In diesem Monate erscheint er wieder früh am Morgenhorizont am Leibe des Scorpions. Um die Mitte Decembers geht er anderthalb Stunden vor der Sonne auf. Da aber jetzt seine Entfernung von uns bis zu 39 Mill. Meilen sich vergrößert hat *), so möchte er vielleicht erst gegen die letzte Woche Decembers mit bloßen Augen wieder wahrzunehmen seyn, wo er vor 6 Uhr Morgens aufgeht.

Januar 1836.

Der Komet rückt, noch immer ziemlich langsam, vom Skorpion bis zu den Vorderfüßen des Wolfes fort, geht zwischen 5 und 3 Uhr früh immer südlicher auf und kommt uns zu Ende des Monats bis auf 34 Mill. Meilen nahe.

---

*) Zu bedauern ist es, daß der Komet diesmal vor seinem den 4. Nov. erfolgenden Durchgange durch das Perihel uns am nächsten kommt und bald nachher sich wieder so beträchtlich von uns entfernt, da die Kometenschweife in der Regel erst nach diesem Zeitpunkte ihr glänzendstes Aussehen gewinnen. Ueberhaupt wird der Komet dieſesmal nicht den Glanz haben, mit welchem er sich zuletzt im Jahre 1759, wenigstens auf der südlichen Erdhälfte, zeigte, sondern im Ganzen nur bleich und matt an uns vorüberziehen, wie bei seiner Erschei- scheinung im Jahre 1607, mit welcher die jetzt zu erwartende, wegen der nicht weit von einander entfernten Jahreszeiten der Sonnennähe, — damals am 26. October, jetzt bald nach Anfang Novembers, — und wegen der daraus folgenden nahen Uebereinstimmung des scheinbaren Weges, viel Aehnlichkeit haben wird.

Februar 1836.

Mit zunehmender Geschwindigkeit bewegt er sich von den Vorderfüßen des Wolfes, am Kopfe des Centauren vorüber, nach dem Raben hin, geht in den ersten Stunden nach Mitternacht auf und kommt zwischen 6 und 3 Uhr Morgens in der geringen Höhe von 8 Graden in den Meridian. Zu Ende Februars wird er sich uns bis auf 29 Mill. Meilen genähert haben.

März 1836.

Diesen Monat richtet er seinen Weg unter dem Raben hinweg nach dem Fuße des Bechers, steigt somit wieder aufwärts nach dem Aequator, und ist von seinem Aufgange, welcher vor Mitternacht fällt, bis zu seinem Untergange in den letzten Frühstunden, am südlichen Himmel sichtbar. Bald nach der Mitte des März geht er 8½ Uhr Abends auf, um Mitternacht in einer Höhe von 14 Graden durch den Meridian und um 3½ Uhr früh unter. Nach den ersten Tagen des März, wo er uns bis auf 28½ Mill. Meilen nahe gekommen ist, entfernt er sich wieder, und steht zn Ende des Monats 34 Mill. Meilen von uns ab.

April 1836.

Seine Entfernung von uns wächst immer mehr, so daß er schwerlich um vieles länger, als bis zur Mitte Aprils, überhaupt noch sichtbar seyn dürfte. Bis dahin ist er unter dem Becher und westlich von demselben zu beobachten, tritt zwischen 10 und 9 Uhr Abends in den Meridian und geht zwischen $2\frac{1}{2}$ und 2 Uhr früh unter.

Zu mehrerer Bequemlichkeit für den Beobachter ist noch die nachstehende Ephemeride beigefügt worden, welche den scheinbaren Lauf des Kometen in Bezug auf den Aequator darstellt. Die Columne: gerade Aufsteigung enthält nämlich in Stunden und Minuten, von denen 24 Stunden auf den ganzen Umkreis gehen, den Bogen des Aequators von dem Frühlingsäquinoctialpunkte, nach der linken Hand fortgezählt, bis zu dem Punkte, über oder unter welchem der Komet steht. Wie weit von diesem Punkte der Komet entfernt ist, oder den Abstand des Kometen vom Aequator, geben die Grade und deren Zehntel unter der Ueberschrift: Abweichung, zu erkennen. Letztere ist von N. bis N. nördlich und von S. an südlich. Die Entfernungen des Kometen von der Erde und der Sonne endlich sind in mittlern Abständen der Erde von der Sonne und deren Decimaltheilen ausgedrückt.

Scheinbarer Lauf des Halley'schen Kometen
vom 6. August 1835 bis zum 12. April 1836.

		Gerade Aufsteigung.	Abweichung.	Entfernung von der Erde.	Entfernung von der Sonne.
1835 August	6	5 St. 25′	23°,2 N.	2,215	1,771
	16	5 34	24 ,2	1,896	1,625
	26	5 45	25 ,7	1,557	1,476
Sept.	5	5 57	27 ,9	1,200	1,324
	15	6 18	31 ,8	0,830	1,170
	25	7 13	41 ,3	0,465	1,016
	30	8 54	50 ,6	0,308	0,940
Oct.	5	13 9	44 ,8	0,237	0,866
	10	15 28	17 ,0	0,320	0,795
	15	16 12	2 ,1 N.	0,484	0,730
	25	16 35	9 ,3 S.	0,861	0,628
Nov.	4	16 35	14 ,1	1,219	0,588
	14	16 27	17 ,0	1,509	0,628
	24	16 17	19 ,2	1,710	0,730
Dec.	4	16 8	21 ,0	1,830	0,866
	14	16 0	22 ,6	1,885	1,016
	24	15 52	24 ,2	1,887	1,170
1836 Jan.	3	15 42	25 ,7	1,847	1,324
	13	15 30	27 ,3	1,775	1,476
	23	15 13	28 ,8	1,681	1,625
Febr.	2	14 51	30 ,1	1,579	1,771
	12	14 20	31 ,0	1,481	1,914
	22	13 41	30 ,9	1,407	2,053
März	3	12 55	29 ,4	1,379	2,189
	13	12 9	26 ,4	1,409	2,323
	23	11 29	22 ,4	1,506	2,453
Apr.	2	10 58	18 ,2	1,666	2,581
	12	10 35	14 ,4	1,875	2,707

Anmerk. Der Komet tritt nach Damoiseau in die Sonnennähe: 1835 November 4,32 mittl. Paris. Zeit, d. i. den 4. November um 7 Uhr 41 Minuten Abends mittl. Paris. Zeit, also um 8 Uhr 21 Minuten Abends mittl. Leipziger Zeit. Dieselbe Tageszeit ist es, auf welche in obiger Ephemeride an den links stehenden Tagen die daneben bemerkten Bestimmungen, streng genommen, d. h. der geführten Rechnung zufolge, sich beziehen.

Leipzig, 1835.
Gedruckt bei J. B. Hirschfeld.

Fig. 1.

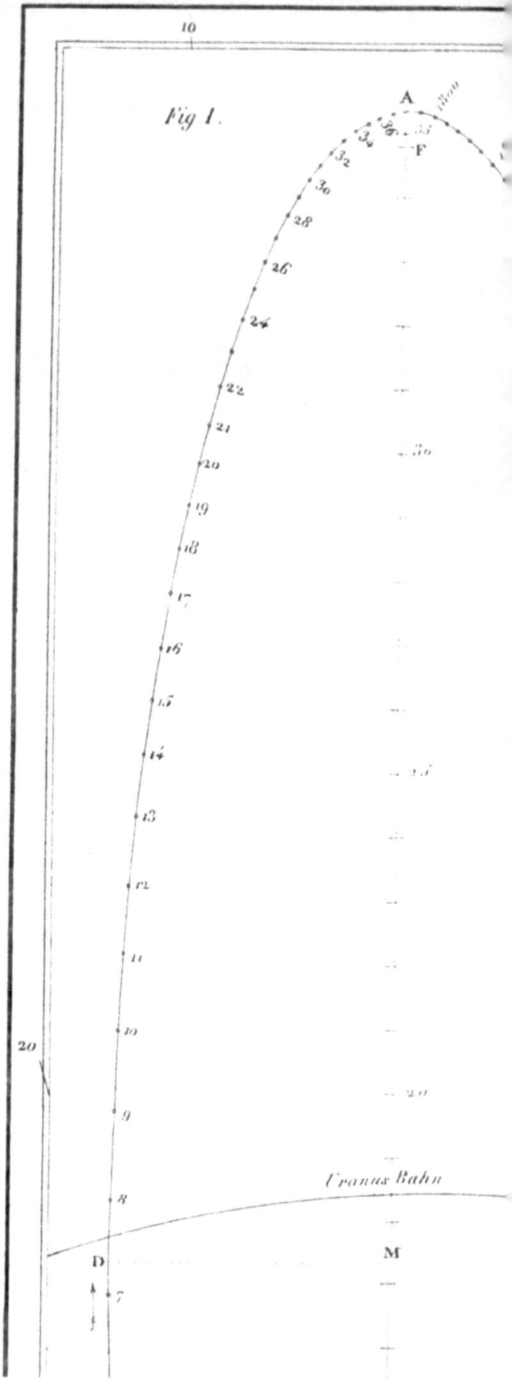

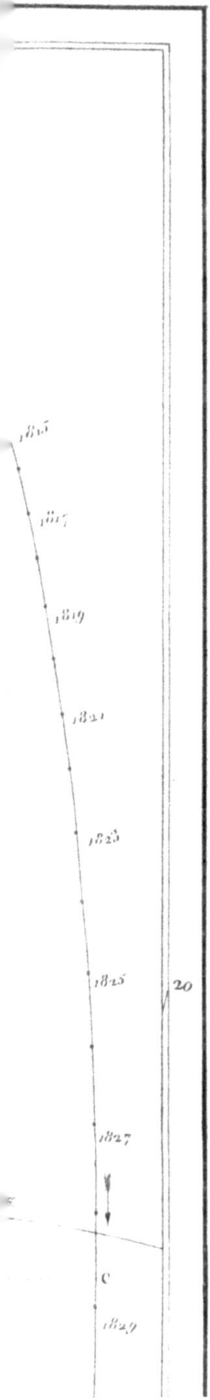
1815
1817
1819
1821
1823
1825
1827
C
1829
20

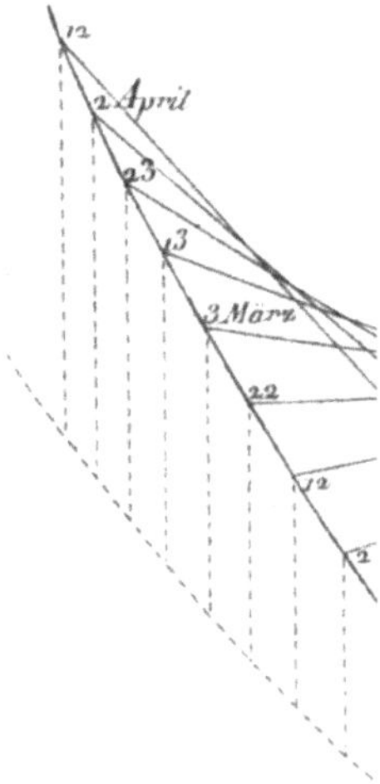
12
2 April
23
13
3 März
22
12
2

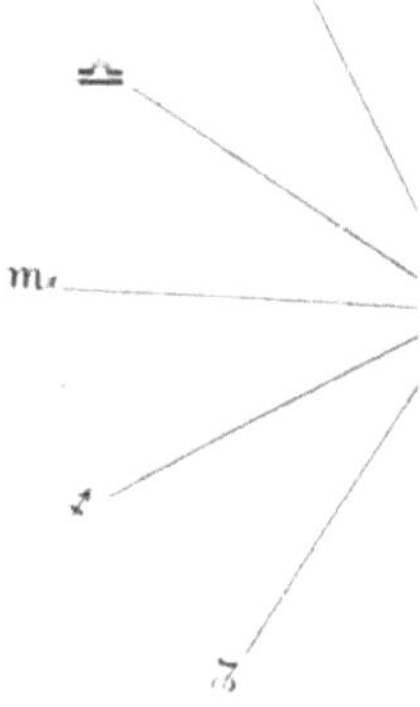
♍
♎
♏
♐
♑

Mittlere Abstände de

Fig.

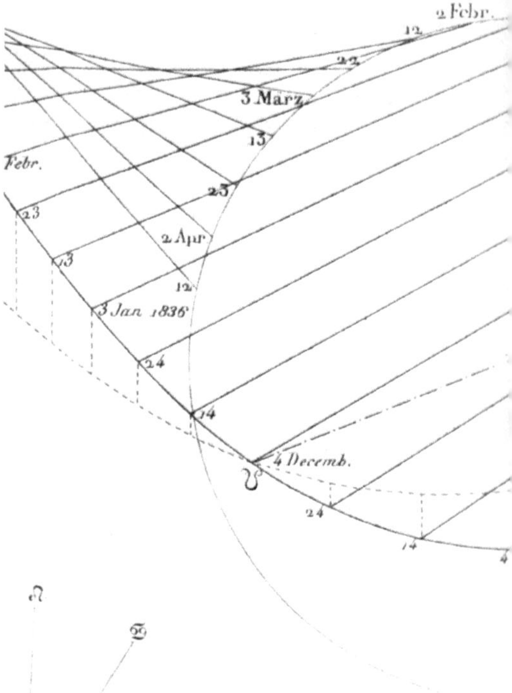

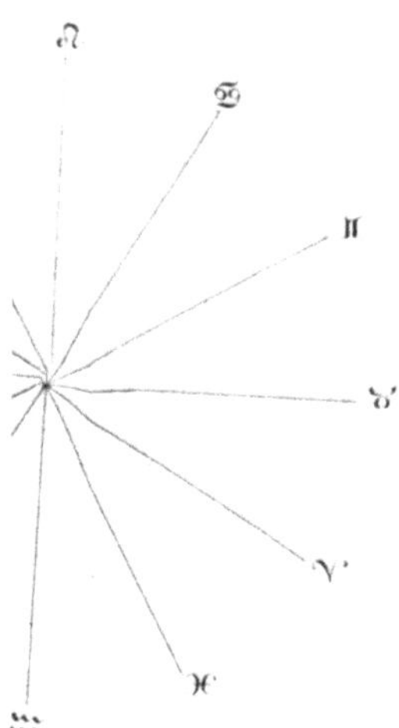

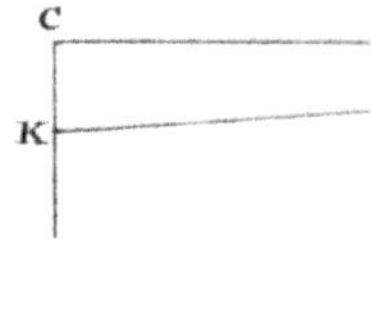

on der Sonne
1
2
30
40
50

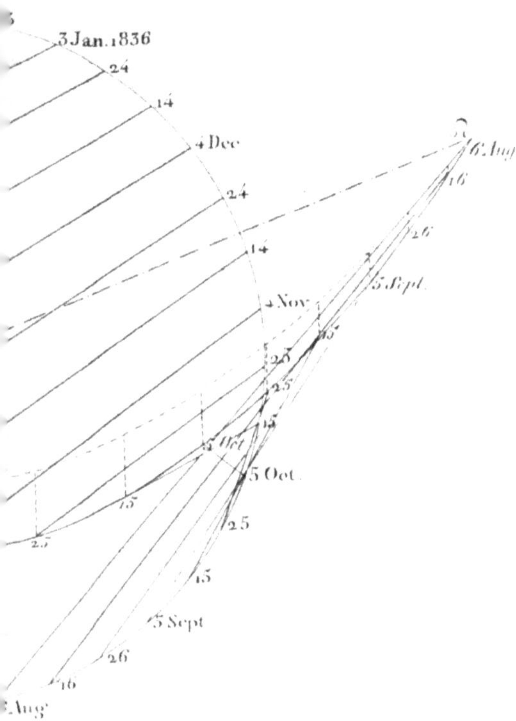
3 Jan. 1836
24
14
4 Dec
24
14
4 Nov
6 Aug
16
26
5 Sept.
5 Oct
25
15
5 Oct.
25
15
5 Sept
26
16
Aug

*Fig. II.**

E

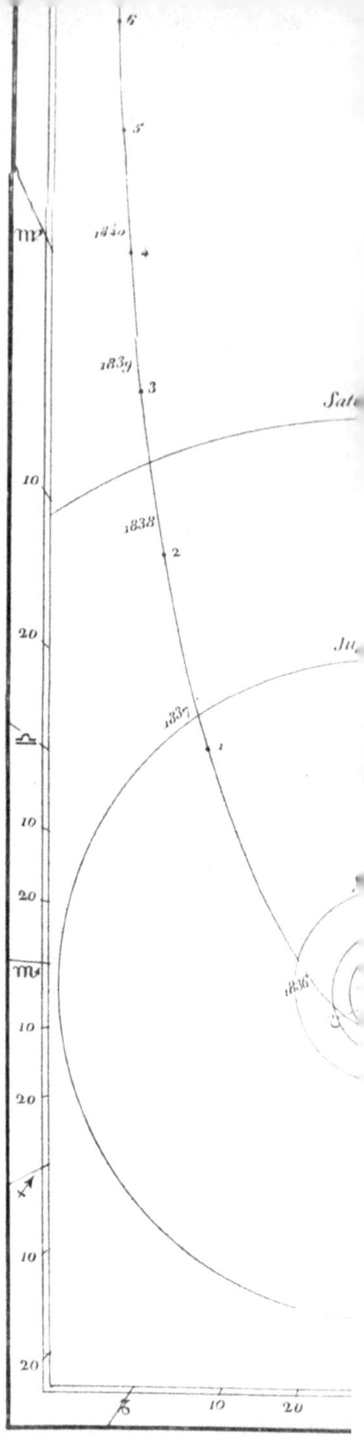
1840
1839
1838
1837
1836

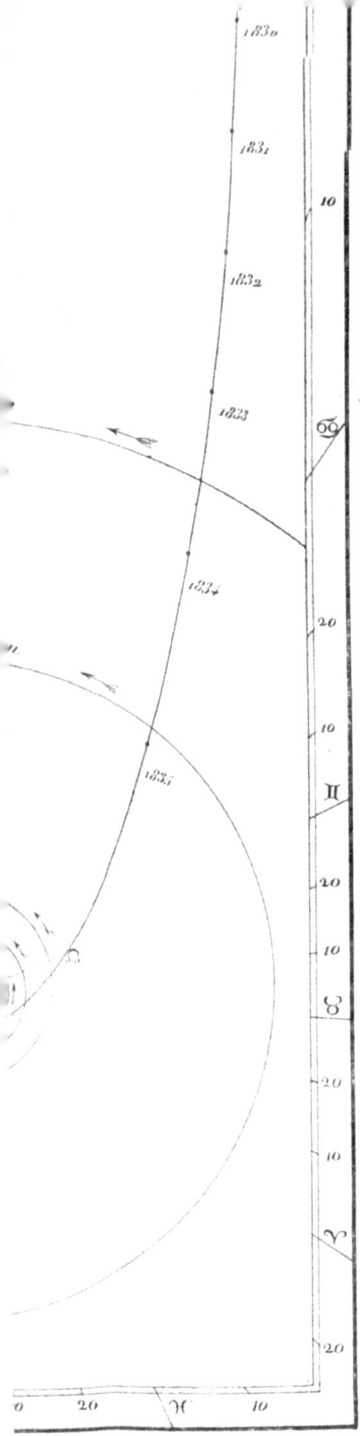

1830
1831
1832
1833
1834
1825
10
♋
20
10
♊
20
10
♉
20
10
♈
20
20
♓
10

Fig. III.

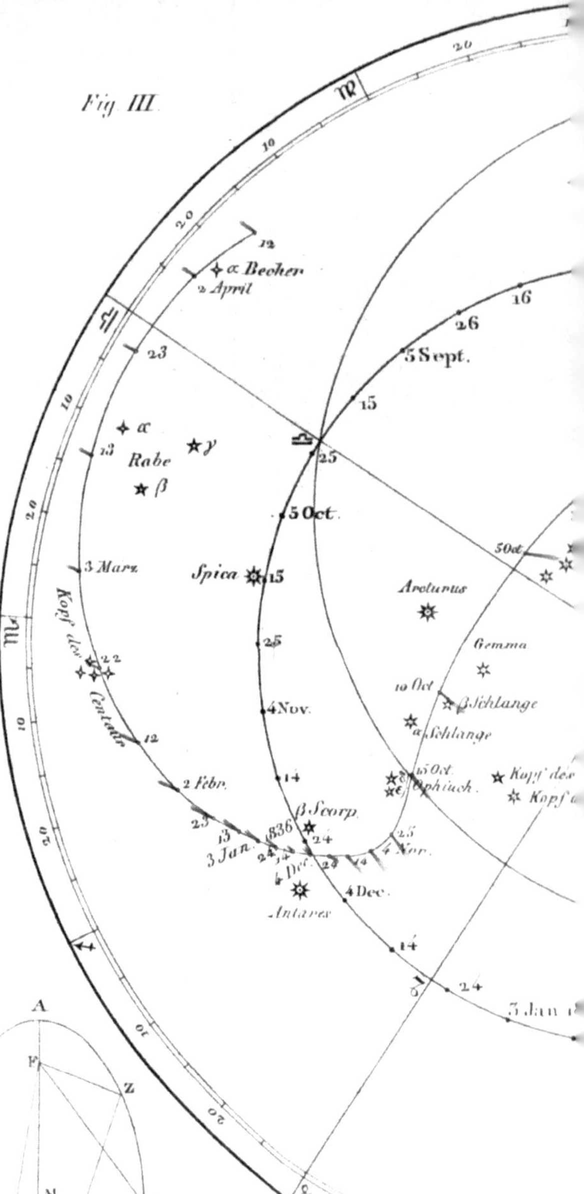
α Becher
2 April
23
α
Rabe
γ
β
5 Sept.
26
16
15
25
5 Oct.
Spica
15
3 Marz
Kopf des Centaur
22
12
2 Febr.
25
4 Nov.
14
Arcturus
Gemma
10 Oct
β Schlange
α Schlange
15 Oct.
Ophiuch.
Kopf des
β Scorp.
1836
24
3 Jan.
4 Dec.
Antares
4 Nov.
14
24
5 Oct.

Fig. I*

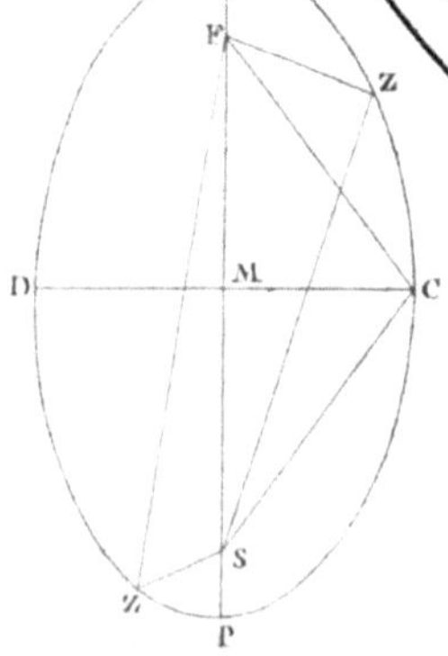
A
F
Z
D
M
C
S
P

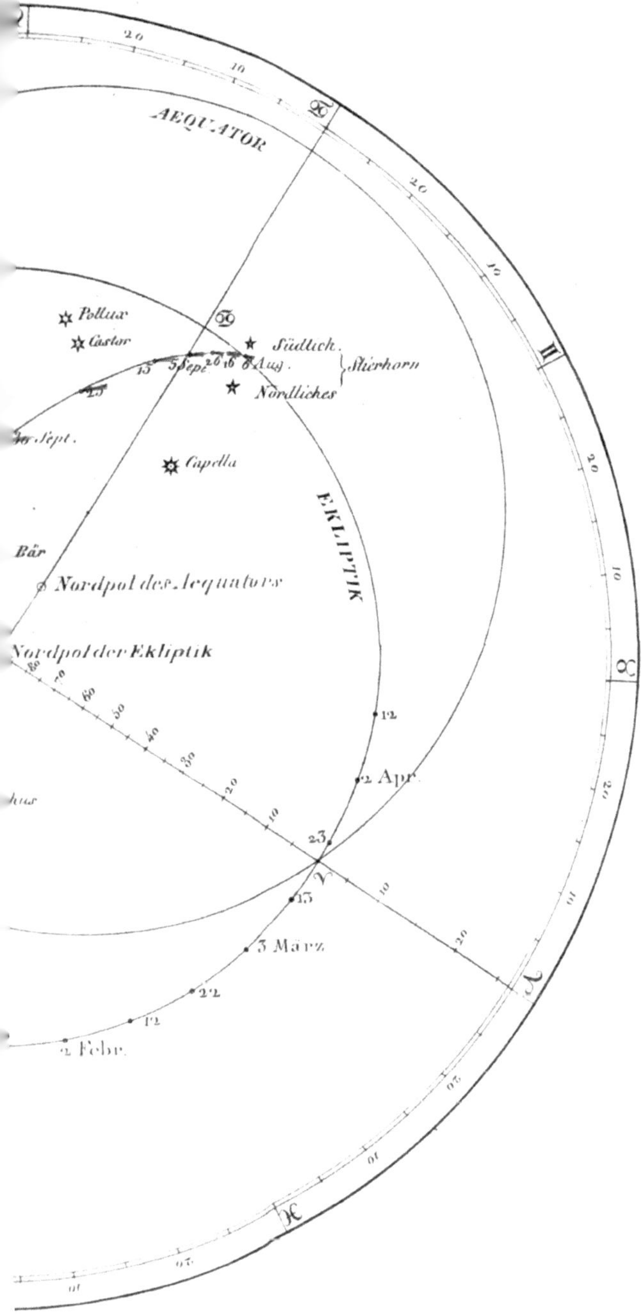

AEQUATOR
Pollux
Castor
Südlich.
Stierhorn
Nördliches
5 Sept.
Aug.
Capella
EKLIPTIK
Bär
Nordpol des Aequators
Nordpol der Ekliptik
2 Apr.
3 März
2 Febr.

FSC
www.fsc.org
MIX
Papier | Fördert
gute Waldnutzung
FSC® C083411

Zeitfracht Medien GmbH
Ferdinand-Jühlke-Straße 7
99095 Erfurt, Deutschland
produktsicherheit@kolibri360.de